◀コバンザメ
(『もぐって かくれる』15ページ)

コバンザメは、ジンベイザメなど
じぶんより 大きな ほかの 生きものの
からだの 下に もぐって かくれます。

うみの あさい 水の 中

いわや サンゴなど、すがたを
かくす ばしょが すくない
ため、ほかの 生きものの
からだの 下に かくれたり、
ひかりを りようした
ほうほうで かくれます。

リーフィーシードラゴン▶
(『かたちを かえて かくれる』29ページ)

リーフィーシードラゴンは、ひらひらと した
かざりが からだ中に あり、
およいで いると、水に ゆれる かいそうに
そっくりです。まわりの けしきに
とけこみ、すがたが 目立ちません。

うみの そこ

すなや 石に おおわれて
いるため、すなの 中に
もぐったり、じめんに ほった
あなに 入って かくれます。
すなや 石に にた すがたに
なって かくれる ものも います。

監修のことば

　みなさんは、動物と植物のちがいを考えたことがありますか？「動く物」が動物で「動かない物」が植物……ではありません。じつは、水と光と二酸化炭素を使って自分で栄養をつくることができるのが植物、自分では栄養をつくれないのが動物なのです。

　動物は植物やほかの動物を食べなければ生きていけないのですから、野山や海にすむ大小いろいろな動物たちは、自分が生きるために、あるいは巣で待っている子どもたちのために、いつも食べものを探しています。小さな動物は大きな動物に狙われている……、でも、自分も自分より小さな動物を狙っている……。まさに"食いつ食われつ"、自然の世界は危険がいっぱいです。

　この本では、海にすむ動物たちが上手に姿を隠してくらしているようすを紹介しています。海の動物のほとんどは、みなさんが見なれている動物たちとは形がちがいますね。とても動物とは思えないような形のものも、岩にくっついたままで一生をすごすものもたくさんいます。ほかの動物を一方的に利用するものも、助け合って生きているものもいます。

　岩や海藻にそっくりであったり、砂と同じような色をしていたり、穴にもぐったりして身を守る動物が多いのですが、まわりの色に合わせて自分のからだの色を変えられるものも、反対に、「食べるとまずいぞ」と派手な色で身を守るものもいます。上手に隠れることは、自分の身を守るためだけでなく、獲物を捕まえるのにも役立ちます。

　この本で学んだことを参考にして、実際に海辺で、水族館で、いろいろな動物たちの形や色と生き方を観察してください。きっと新しい発見があることでしょう。

武田正倫（たけだ　まさつね）

1942（昭和17）年、東京都生まれ。九州大学大学院農学研究科博士課程修了。農学博士。
日本大学医学部生物学教室助手、国立科学博物館動物研究部研究官、主任研究官、第3研究室長、部長、東京大学大学院理学系研究科教授、帝京平成大学現代ライフ学部教授を経て、現在は国立科学博物館名誉館員、名誉研究員、国立感染症研究所客員研究員。
磯やサンゴ礁から深海までにすむさまざまな海産無脊椎動物の分類、生態、発生に興味をもっており、多くの研究論文を発表している。おもな著書に『カニは横に歩くとは限らない』（PHP研究所）、『エビ・カニの繁殖戦略』（平凡社）などの一般書、『さんご礁のなぞをさぐって』（文研出版）、『北のさかな　南のさかな』（新日本出版社）などの児童書、『ポプラディア大図鑑WONDA 水の生きもの』（監修、ポプラ社）、『学研の図鑑LIVE 水の生き物』（総監修、学研プラス）などの図鑑類がある。

うみの かくれんぼ
かたちを かえて かくれる

モクズショイ・タコノマクラ・キメンガニ ほか

武田正倫●監修

金の星社

うみの 中には いろいろな 生きものが くらして います。
この本では からだの かたちを かえたり、
もともとの からだの かたちを うまく つかって
じょうずに かくれて いる 生きものを しょうかいします。

からだに
かれはを のせた
タコノマクラ

からだの かたちを
じゆうに かえる
ミミックオクトパス

かれはに
そっくりな
ナンヨウツバメウオの
子ども

いわばに　さいた　花でしょうか？
ぜんたいが　なにかで　かざられて　いるようにも
見えますね。

なにが　かくれて　いるのでしょう？

かくれて いたのは モクズショイと いう カニです。
こまかく なった かいそう（もくず）を せおって いる ようすから、
この 名まえが つけられました。

モクズショイは いわばや サンゴの あつまる ばしょに すんで います。
ひるは いわの かげで じっと して すごし、よるに なると たべものを
さがしに 出かけます。
からだには 先が まがった かたい けが 生えて いて、
そこに かいそうなどを たくさん つけて います。
かざりのように 見えたのは、からだ ぜんたいに つけられた たくさんの
かいそうでした。こうする ことで すがたを 目立たなく して、
てきから みを まもって いるのです。

すなぞこに はや えだが あつまって います。
よく 見ると、はの すきまから
なにかが ちらりと 見えて います。

なにが かくれて いるのでしょう？

かくれて いたのは タコノマクラと いう ウニです。
花のような 大きな もようが あります。

うみの そこに くらして いて、ふだんは すなの 中に あさく もぐり、
すなの 中の 小さな 生きものを たべて います。からだ中に ある とげは
とても みじかくて 目立ちませんが、するどく とがり、じゆうに うごかす
ことが できます。すなの そとに 出て いる
ときには かいそうや おちば、貝がらなどを
からだに つけて すがたを かくします。
このとき するどい とげは かいそうなどを
からだに ひっかけて おくのに やくだちます。

すなの 中に もぐろうと している
タコノマクラ。
とげの みじかい ひらたい からだは
すなに もぐるのに べんりです。

いわの くぼみに きれいに あつめられた
たくさんの 小石や われた 貝がら。

なにが かくれて いるのでしょう?

かくれて いたのは ヨロイイソギンチャクです。
いわの くぼみなどに すんで いる イソギンチャクです。

からだは みじかい つつのような かたちで、上の ほうには
やわらかく ほそながい もの（しょくしゅ）が たくさん あります。
からだの ひょうめんには たくさんの こぶが あり、
すがたを かくすのに やくだって います。
こぶが きゅうばんのように はたらき、
からだに 小石や 貝がらを くっつける ことが できるのです。
きけんを かんじると、しょくしゅの ぶぶんを うちがわに しまいこみ、
からだを ちぢめて しまいます。
まえの ページの しゃしんは、このときの ヨロイイソギンチャクの ようすです。
からだの ひょうめんを びっしりと 小石や 貝がらで おおった すがたが、
よろいを みに つけたように 見える ことから、この 名まえが つけられました。

いわばに あつまる たくさんの イソギンチャク。
じっと 見ていたら……
みんな いっせいに うごきはじめました!

なにが かくれて いるのでしょう?

イソギンチャクが しょくしゅを ひっこめた ときの ソメンヤドカリ。
じぶんでは あるけない イソギンチャクは ヤドカリに くっついて いどうする ことが でき、イソギンチャクにも べんりです。

かくれて いたのは ソメンヤドカリと いう ヤドカリです。
左がわの はさみあしが 大きくて、目立ちます。

ヤドカリの なかまの おおくは 貝がらの 中に 入って いて、
あたまと あしだけを そとに 出して くらして います。
きけんを かんじると 貝がらの 中に ひっこんで みを まもります。
ソメンヤドカリは 貝がらが かくれるほど たくさんの イソギンチャクを
つけて います。ソメンヤドカリを ねらう タコや さかなは、
どくばりを もつ イソギンチャクを きらうため、貝がらに イソギンチャクを
つけて いれば あんぜんなのです。
ヤドカリは からだが 大きくなるに つれて 貝がらを こうかんしますが、
このとき 貝がらに つけた イソギンチャクも
あたらしい 貝がらに うつします。

花の　もようが　かわいい、ぼうしの　ような　ものが
ありますね。

なにが　かくれて　いるのでしょう？

「キメン」とは おにの かおの ことです。
こうらに たくさんの 出っぱりが あり、おにの かおのように 見える ことから、この 名まえが つけられました。

かくれて いたのは キメンガニと いう カニです。

こうらに のせて いたのは、
ウニの なかまの カシパン。
これを とると、こうらに たくさんの
ぼこぼこと した 出っぱりが ならんで いました。
キメンガニは カシパンの ほかにも、
ヒトデや、2まい貝の 貝がらなどを せおって
すがたを かくします。こうして きけんから
みを まもって いるのです。
キメンガニの うしろの ほうの あしは、
先が まがった 小さな はさみのような かたちで、
上を むき、ものを つかんで こうらに
のせやすく なって います。

ヒトデを せおう キメンガニ。
あしを じょうずに つかって、
ヒトデの 下に もぐりこみます。

オレンジいろの 生きものが あたまから ふとんを
かぶって いるように 見えませんか?

なにが かくれて いるのでしょう?

アカゲカムリ

かくれて いたのは アカゲカムリと いう カニです。

アカゲカムリは、カイカムリの なかまです。この なかまは、
こうらに カイメンや ホヤなどを のせて くらして います。
こうする ことで まわりの けしきに とけこみ、
てきに 見(み)つかりにくく なるのです。
うしろの ほうの あしは、先(さき)が はさみのような かたちに なって いて、
こうらに ものを のせたり、こうらに のせた ものを おさえたり するのに
やくだちます。

オガサワラカムリ

カイカムリの なかまには いろいろな しゅるいが います。
まっ白な からだに 赤い 目が 目立つ オガサワラカムリは
ホヤの なかまの チャツボボヤを のせて います。
その すがたから ユキンコボウシガニと よばれる ことも あります。

シカクイソカイカムリは カイメンソウと
いう かいそうを のせて います。

しゅるいに よって 上に のせる ものは
さまざまですが、どれも きけんから
みを まもるのに やくだって います。

シカクイソカイカムリ

にんげんが つくった ものも つかうよ

うみには かいそうや 貝がら、ほかの 生きものだけで なく、
にんげんが つくった ものを じょうずに つかって
かくれて いる 生きものが います。

ラッパウニ

ミジンベニハゼ

いわばに すむ ラッパウニは、かいそうや 貝がらなどを からだに つけて、
すがたを かくして いますが、からだに つけるのは しぜんの ものだけでは
ありません。うみの 中に すてられた ライターなども りようして います。
また、ミジンベニハゼは うみに すてられた あきかんを すみかに する ことが
あります。うみの 生きものたちの かくれんぼには、にんげんが つくった ものも
つかわれて います。

きれいな うみを まもろう！

生きものたちは、ライターや あきかんも
うまく つかって いますが、これらは
ほんとうは うみに すてられて いては
いけない ものです。ごみが たくさん
すてられ 水が よごれて しまうと、うみに
くらす 生きものは かずが へって しまい、
いなく なって しまう ことも あります。
うみの 生きものたちの ためにも きれいな
うみを まもりましょう。

しずかな　うみの　すなぞこ。
ゆらゆら　ゆれて　見えるのは　サンゴ？
それとも　イソギンチャク？

なにが　かくれて　いるのでしょう？

ミミックオクトパスとは
えいごで「へんしんする タコ」と いう いみです。
へんしん じょうずな ことで ゆう名です。

かくれて いたのは
ミミックオクトパスです。
しまもようが とくちょうの タコです。

まえの ページの しゃしんでは
イソギンチャクに へんしんして いたようです。
イソギンチャクは しょくしゅに どくばりを
もつため、ほとんどの さかなは ちかづいて
きません。てきが いやがる 生きものに にた
すがたに へんしんして、みを まもって
いるのです。
ほかにも てきよりも つよい 生きものに
へんしんしたり、てきと にた すがたに
へんしんして なかまだと おもわせる
ことで、おそわれないように して いる
ことも あります。
はんたいに、えものを つかまえる ときには
あい手を ゆだんさせ、つかまえやすく する
ような すがたに へんしんします。

▶ヒラメに へんしんした
ミミックオクトパス。ひらたい からだは
すなぞこで 目立ちにくく、きけんを
かんじた ときには すばやく およいで
にげる ことが できます。

石のような　ものが　ころんと　1つ。
ひょうめんには　とげとげと　かいそうが　生えて　いるように
見えますね。

なにが　かくれて　いるのでしょう？

タカラガイの なかまは むかし ちゅうごくで おかねと して つかわれて いた ことから この 名まえが つけられました。

かくれて いたのは クチムラサキタカラガイと いう 貝です。

いわばや、サンゴの あつまる ばしょに すみ、カイメンや かいそうなどを たべます。
貝の 下がわに ある すきまから のばした まくで ぜんたいを つつんで いましたが、ほんとうの すがたは つやつやと かがやき、とても きれいです。まくで つつんで かくす ことで 貝がらに ほかの 生きものが くっつきにくく なり、貝がらを きれいに たもつ ことが できるのです。

まえの ページの しゃしんは、ぜんたいが まくで おおわれた ときの タカラガイの すがただったんですね。

あざやかな　みどりいろの　かいそうが、
うみの　いわばで　ゆらゆら　ゆれて　いるようです。

なにが　かくれて　いるのでしょう？

ながい 口先（くちさき）で 小さな（ちいさな） エビなどを すいこむように たべます。

かくれて いたのは カミソリウオです。
あさい うみの いわばや、サンゴが あつまる ばしょに
くらす さかなです。

カミソリウオは はらびれと おびれが
とても 大（おお）きく、からだは うすく
ぺらぺらと して います。ながく のびた
口先（くちさき）を 下（した）に むけ、水（みず）の うごきに
あわせて ゆらゆらと およいで いると、
その すがたは かいそうに そっくりです。
かいそうに すがたを にせて、きけんから
みを まもって いるのです。

かれはに そっくりな すがたの カミソリウオ。
いろや ひれの かたちは、おなじ しゅるいでも
さまざまです。

かいそうが しげる うみの 中(なか)。
ちゃいろい かれはが 1まい ながれて きたようです。

なにが かくれて いるのでしょう?

**かくれて いたのは
ナンヨウツバメウオの 子どもです。
ナンヨウツバメウオは、目の 上を
とおる くろっぽい たてじま
もようが とくちょうの さかなです。**

ナンヨウツバメウオの 子どもの からだは
小さくて ちゃいろく、おびれは すきとおって
います。この すがたで ふわふわと
およぐ ようすは、水に ながれる
かれはに そっくりです。
子どもの うちは 水めんに うかぶ
かれはや えだと いっしょに いどうする
ことが おおいので、この すがたは
まわりの けしきに とけこんで きけんから
みを まもるのに やくだちます。

おとなの ナンヨウツバメウオ。
子どもとは ぜんぜん
ちがう すがたですが、目の
上を とおる たてじま
もようは おなじです。

子どもたちの まねっこがっせん

ナンヨウツバメウオのように、子どもの ときに べつの ものに すがたを にせて みを まもる 生きものが、ほかにも います。

子どもの
オビテンスモドキ

おとなの
オビテンスモドキ

オビテンスモドキ

サンゴが あつまる ばしょや、いわばに くらす さかなです。子どもの ころは 赤っぽい からだに 白い もようが あり、ひれは ほそながい かたちを して います。この からだで ひらひらと およぐ すがたは、水に ながれる かいそうに そっくりです。
せいちょうすると からだの いろも かたちも かわり、ぜんぜん ちがう すがたに なります。

ヘコアユ

サンゴが あつまる ばしょなどに くらす さかなです。おとなは あたまを 下に むけて およぐ ことで ゆう名です。ほそながい からだに 1本の くろい せんが 目立ちます。
子どもの ころは、からだ ぜんたいが ちゃいろや みどりいろです。水の ながれに のって ふわふわと およいで いると、まるで かれはや かいそうのようです。

子どもの ヘコアユ

おとなの ヘコアユ

あざやかな ピンクいろの サンゴの なかま。
まるで はるの お花ばたけのようですね。

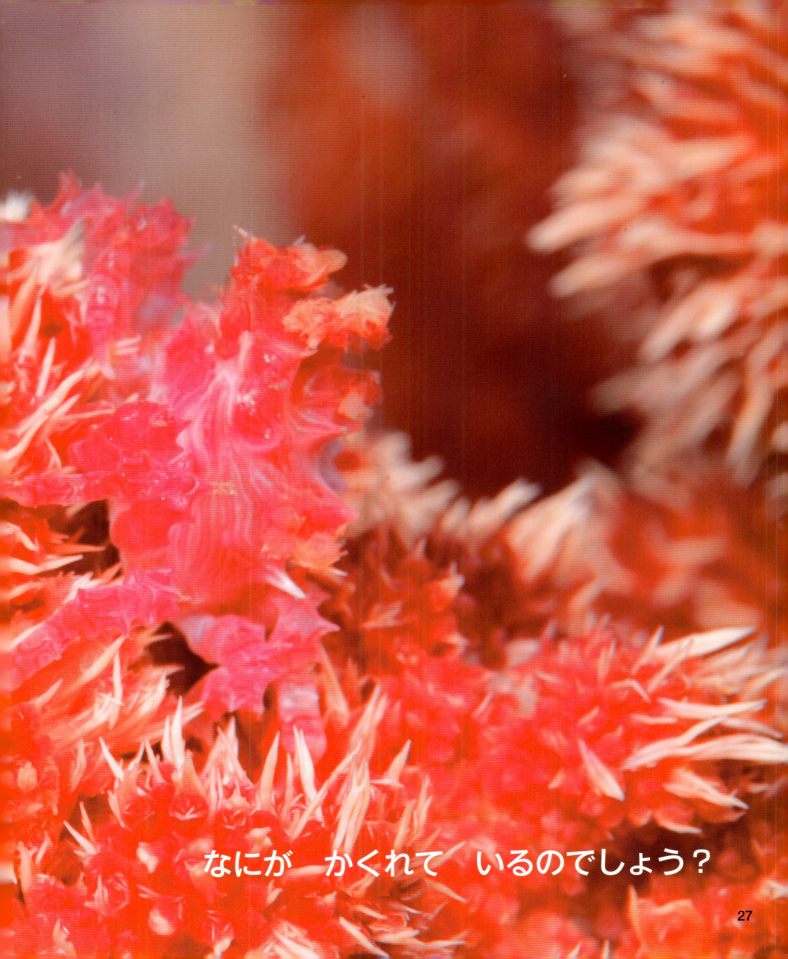

なにが かくれて いるのでしょう？

かくれて いたのは イソコンペイトウガニです。
ウミトサカと いう サンゴの なかまを すみかに して いる
小(ちい)さな カニです。

ウミトサカは あさい うみの いわばや、サンゴが あつまる ばしょに くらして います。その 上(うえ)で くらす イソコンペイトウガニは あしの 先(さき)まで からだ ぜんたいに とげとげの 出(で)っぱりが あります。からだの いろは すみかに して いる ウミトサカに あわせて さまざまです。また、ウミトサカを 小(ちい)さく きりとり、じぶんの からだに くっつけて いる ことも あります。ウミトサカに そっくりの すがたで、まわりの けしきに とけこみ、みを まもって いるのです。イソコンペイトウガニと いう 名(な)まえは、すがたが おかしの こんぺいとうに にて いる ことから つけられました。

水の 中で たくさんの かいそうが ゆらゆらと
ゆれて います。

なにが かくれて いるのでしょう?

かくれて いたのは リーフィーシードラゴンです。
つめたい うみに くらす さかなです。

リーフィーシードラゴンの からだには ひふが へんかして できた かざりが たくさん ついて います。この すがたで かいそうの ちかくを およいで いると、水の ながれに ゆれる かいそうに そっくりで、かんたんに 見つける ことは できません。

このように して すがたを 目立たなく して、
てきから みを まもって いるのです。
また、リーフィーシードラゴンは ほそながい 口先で
小さな エビなどを すいこんで たべますが、この とき すがたを かくして
えものを つかまえやすく するのにも やくだちます。

リーフィーシードラゴンは メスが オスの からだに ある
とくべつな くぼみに たまごを うみつけます。
この くぼみは、オスの おの ちかくに あります。
オスは 子どもが かえるまで、ここで たまごを まもります。

とくべつな くぼみに たくさんの たまごを つけたまま およぐ
リーフィーシードラゴンの オス

"形"を味方に姿を隠す生きものたち

海の中では多種多様な生きものが、自分のくらす場所や、からだのつくりにあわせて、上手に姿を隠しています。砂や穴の中などにもぐって隠れるもの、"色"を味方に環境に溶け込んで隠れるもの……そして、からだの形を変えたり、変わったからだの形を生かして隠れるものもいます。

カニのなかまのモクズショイは、からだに藻くずなどをつけて姿を隠しますが、からだ中に先の曲がったかたい毛が生えていて、からだにつけた藻くずなどを落ちないように保つのに便利です。同じく、からだに海藻や落ち葉などをつけるウニのなかまのタコノマクラも、からだ全体に生えている短くて鋭いとげが役立ちます。また、甲羅にほかの生きものをのせて姿をかくすキメンガニやカイカムリなどのカニのなかまは、甲羅にものをのせやすいようあしの一部がはさみのような形をし、甲羅側へ向いていて、のせたものを支えるときにも使います。これは、甲羅にものをのせる行動をしないカニのなかまには見られないつくりです。

からだの形を変えて変身する生きものといえば、ミミックオクトパスを忘れてはなりません。「擬態するタコ」とよばれるだけに、自由自在に動くやわらかいからだと長い8本の腕をたくみに使って、この本で紹介したイソギンチャクやヒラメのほかにも、ヒトデやウミヘビ、シャコなどに変身し、そのレパートリーの多さと本物と見間違うほどの完成度は抜群です。

もって生まれた変わった形を生かして、姿を隠す生きものもいます。カミソリウオやリーフィーシードラゴンなどは、形だけ見てもすぐに魚だとはわからないような不思議な形ですが、その生きものがくらしている環境に溶け込むような形になっています。

自分の身を守るため、獲物を捕まえるため、ゆっくり眠るため……生きものたちが姿を隠そうとするとき、"形"は強力な武器になります。そして、姿を隠すために"形"を変えるうえで、それぞれの生きものたちのからだのつくりが密接に関係し、役立っているのです。

また、この本では人間がつくったものを利用して姿を隠す生きものも紹介しました。使えるものは何でも上手に使って、自然の中で生きる生きものたちの知恵は素晴らしいものです。しかし、本来であれば海の中にあるはずのない人工物。美しい海と、そこにくらす多くの生きものたちのためにも、私たち人間は自然を守る努力を続けていかなくてはなりません。

うみの かくれんぼ シリーズ 全3巻　武田正倫 監修

海の生きものは、姿を隠す名人です。身を守るため、獲物を捕まえるためなど、隠れる理由はいろいろ。隠れ方から、海の生きものたちのくらしぶりが垣間見えます。さらに、生きもの同士のかかわり合いや、生態のくわしい知識なども理解することができます。見返しでは、海の生きものたちの生息環境を紹介しています。

もぐって かくれる
ハマグリ・メガネウオ・アサヒガニ ほか
第①巻

貝殻のすき間から出したあしを使って砂にもぐるハマグリ、からだをゆすりながら海の底にもぐり獲物を待ち構えるメガネウオ、後ろあしで掘った砂底にもぐり身を隠すアサヒガニなど、何かにもぐって隠れる、海の生きものたちを紹介します。

ハマグリ／メガネウオ／オニイソメ／アサヒガニ／カクレウオ／コバンザメ／クマノミ／カンザシヤドカリ／カモメガイ／トウシマコケギンポ／ウミヘビ／イエローヘッド・ジョーフィッシュ

いろを かえて かくれる
タコ・ヒラメ・イカ ほか
第②巻

岩場やサンゴなどとそっくりな色になり景色に溶け込むタコ、平たいからだを海の底の色に変えて隠れるヒラメ、あっという間にまわりの環境と似た色に変わり姿を隠すイカなど、色の効果によって隠れる、海の生きものたちを紹介します。

タコ／ヒラメ／イカ／ブダイ／アジ／クラゲ／アラフラオオセ／トガリモエビ／オニカサゴ／ピグミーシーホース／オウギガニ／カエルアンコウ

かたちを かえて かくれる
モクズショイ・タコノマクラ・キメンガニ ほか
第③巻

からだに海藻などをつけて姿を変えるモクズショイ、全身のとげに落ち葉などをくっつけて身を隠すタコノマクラ、ヒトデやウニを背負って別の生きものに姿を変えて見せるキメンガニなど、形の効果によって隠れる、海の生きものたちを紹介します。

モクズショイ／タコノマクラ／ヨロイイソギンチャク／ソメンヤドカリ／キメンガニ／カイカムリ／ミミックオクトパス／タカラガイ／カミソリウオ／ナンヨウツバメウオ／イソコンペイトウガニ／リーフィーシードラゴン

※「うみの かくれんぼ」シリーズでは、基本的に生きものの名前を種名で紹介しています。和名については、もっとも一般的なものを採用しました。「タコ」のようにグループ名（分類群名）のほうが親しまれているものは、グループ名も同時に紹介し、その特徴も解説しています。

■編集スタッフ
編集：アマナ／ネイチャー＆サイエンス（室橋織江）・菅原千聖
写真：アマナイメージズ（以下以外全て）・オアシス（p13,14）・ダイビングショップ Ocean Blue（p15 下）
文：菅原千聖
装丁・デザイン：鷹觜麻衣子

うみの かくれんぼ
かたちを かえて かくれる モクズショイ・タコノマクラ・キメンガニ ほか
初版発行　2017年3月　第14刷発行　2025年1月

監修　武田正倫
発行所　株式会社 金の星社
〒111-0056　東京都台東区小島1-4-3
TEL 03-3861-1861（代表）　FAX 03-3861-1507
振替 00100-0-64678　ホームページ https://www.kinnohoshi.co.jp
印刷　株式会社 広済堂ネクスト
製本　東京美術紙工

NDC481　32ページ　26.6cm　ISBN978-4-323-04173-5
©amana, 2017　Published by KIN-NO-HOSHI SHA, Tokyo, Japan
■乱丁落丁本は、ご面倒ですが小社販売部宛ご送付下さい。送料小社負担にてお取替えいたします。

JCOPY 出版者著作権管理機構 委託出版物
本書の無断複写は著作権法上での例外を除き禁じられています。複写される場合は、そのつど事前に、出版者著作権管理機構（電話 03-5244-5088、FAX 03-5244-5089、e-mail: info@jcopy.or.jp）の許諾を得て下さい。
※本書を代行業者等の第三者に依頼してスキャンやデジタル化することは、たとえ個人や家庭内での利用でも著作権法違反です。

どこに すんで いるのかな？

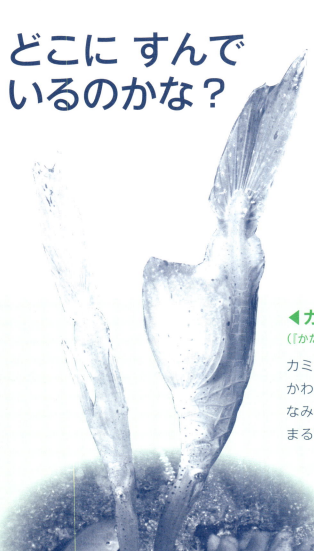

うみの あさい 水(みず)の 中(なか)

◀カミソリウオ
(『かたちを かえて かくれる』21ページ)

カミソリウオは、もともと かいそうに そっくりな かわった すがたを して います。
なみの うごきに あわせて ゆらゆらと およぐと、まるで かいそうのようで すがたが 目(め)立(だ)ちません。

うみの そこ

メガネウオ▶
(『もぐって かくれる』5ページ)

メガネウオは、あたまの 上(うえ)の ほうに ついた 目(め)と 口(くち)だけを すなから 出(だ)し、からだは ぜんぶ すなの 中(なか)に もぐって かくれます。